Triopshabitat – Überschwemmungswiese in Bayern

Natürliches Umfeld

Triops sind faszinierende Tiere, die schon vor über 220 Millionen Jahren gelebt und bis heute ihr Aussehen und ihre Lebensweise kaum verändert haben.

Die in diesem Ratgeber beschriebenen Aufzucht- und Haltungsbedingungen richten sich nach den Verhältnissen im natürlichen Lebensraum des Triops und berücksichtigen zudem Erfahrungen aus der eigenen Triopsaufzucht.

Lebensraum: Der Triops ist in der biologischen Systematik* den Kiemenfußkrebsen zugeordnet. Es gibt mehrere Arten des Triops und er ist auf *allen Kontinenten* vertreten. Sein Habitat sind temporäre/astatische Gewässer und er ist an diese Extrembiotope, in denen sich Chemismus, Sauerstoffgehalt und Temperatur innerhalb weniger Stunden deutlich ändern können, angepasst und verträgt solche Schwankungen gut. Nur in den ersten Lebenstagen sind die Nauplien relativ empfindlich.

Der Triops kann innerhalb eines weiten *pH-Bereichs* von 6 – 10 leben, toleriert einen geringen *Sauerstoffgehalt* ab 1 mg/l und einen *Temperaturbereich* von 15 – 34 °C (Nauplien bis max. 32 °C). Temperaturschwankungen innerhalb des Toleranzbereichs regen sogar den Stoffwechsel an und fördern somit die Wachstumsgeschwindigkeit.

Lebensweise: Die meiste Zeit verbringt der Triops am Boden des Tümpels, wo er gut vor Feinden getarnt ist. Er sucht dort nach Nahrung und legt im *Bodengrund* seine eierähnlichen Dauerzysten ab.

Wie auch Insekten oder niedere Lebewesen, schlafen Triops nicht, sondern ruhen lediglich. Schlaf entstand im Laufe der Evolution bei Lebewesen mit komplexen Nervenstrukturen. Lebewesen mit einfachen Nervenstrukturen nutzen zur Erholung *Ruhephasen,* die weniger intensiv als Schlafphasen sind.

---

* unterstrichene Begriffe sind im Glossar ab Seite 44 erklärt

Es gibt Triopsarten, bei denen die Tiere *männlich* oder *weiblich* sind (gonochoristisch). Bei diesen Arten unterscheiden sich adulte Männchen und Weibchen u. a. dadurch, dass nur die weiblichen Tiere Zystensäcke an den hinteren Beinpaaren tragen. Außerdem gibt es Arten, bei denen die Tiere *zwittrig* (hermaphroditisch) sind. Diese können sich auch ohne Partner fortpflanzen.

Bei einer hohen Individuendichte kann es zu Kannibalismus kommen. Dieses Verhalten dient der natürlichen *Bestandsregulierung*.

Je nach Art erreicht der Triops eine *Größe* von bis zu 11 cm. Während des Wachstums wird die zu eng gewordene Chitin-Hülle abgelegt und eine neue gebildet. Die Hülle dient der Stabilisierung und dem Schutz des Körpers.

Er hat eine *Lebensdauer* von 70 – 90 Tagen, da sein natürlicher Lebensraum nur eine kurze Zeit besteht. Die Tümpel existieren meist nur 1 – 2 Monate lang und trocknen dann aus.

Fortpflanzung: Solange der Tümpel besteht, muss der Triops sich vollständig entwickelt und seine eierähnlichen *Dauerzysten* abgelegt haben. Er ist bereits nach etwa 7 – 14 Tagen geschlechtsreif und beginnt mit der Ablage von bis zu 200 Zysten am Tag. Diese bildet er in Zystensäcken, die rechts und links unter dem hinteren Ende des Panzers liegen. Dauerzysten sind aufgrund ihres fortgeschritteneren Entwicklungsstadiums von Dauereiern anderer Lebewesen zu unterscheiden.

Nach der Ablage schlüpfen die Nauplien größtenteils nicht, solange der Tümpel noch Wasser führt. Nur vereinzelte Nauplien schlüpfen bereits direkt. Meist ist dies der Fall wenn der Triops, der die Zysten abgelegt hat, kurz danach stirbt. Vermutlich produzieren die Triops kurz vor ihrem Tod spezielle Zysten, die sich vollständig entwickeln und nicht in eine Ruhephase übergehen. Somit wäre sichergestellt, dass der Tümpel weiterhin besiedelt ist solange er noch Wasser führt.

Der Großteil der abgelegten Zysten aber geht in eine Ruhephase über, welche Diapause genannt wird. Nach Austrocknung des Tümpels tritt ein Wartezustand ein, in dem die Zysten mehr als 20 Jahre überdauern können. Sie sind sehr robust und selbst nach der Behandlung mit kochendem Wasser und flüssigem Stickstoff noch intakt.

Diese *Widerstandsfähigkeit* ist von großem Vorteil, da die Zysten dadurch lange Trockenzeiten, Hitze- und Frostperioden überstehen. Aufgrund ihrer *geringen Größe* können sie durch Windverwehung und durch Tiere (sowohl äußerlich als auch innerlich) transportiert werden. So gelangen die Zysten auch an weiter entfernte Orte und die Triopsart wird in neue Habitate verbreitet.

Wenn die Zysten sich *wieder im Wasser befinden* und Faktoren wie Licht (mind. 12 Std. pro Tag), Wasserqualität (pH-Wert 7, mineralstoff- und schadstoffarm) und Temperatur (mind. 15 °C, besser ab 20 °C) günstig sind, *schlüpfen* innerhalb von 1 – 2 Tagen größtenteils die ersten Nauplien. Vereinzelte Nauplien schlüpfen nach ca. 2 Wochen und weitere erst nach der nächsten Regenzeit. Dieses zeitversetzte Schlüpfen verbessert die Überlebenschancen der Art.

Die Faktoren, die verstärkt das Schlüpfen auslösen, wie ein neutraler pH-Wert und ein geringer Gehalt an gelösten Mineralstoffen, sind typisch für Regenwasser. Daher sind sie Anzeiger für ein *neu gebildetes Gewässer.* Die Faktoren wirken am besten, wenn der Boden zuvor vollständig ausgetrocknet war.

Mit der Zeit lösen sich Mineralstoffe aus dem Boden, werden durch Verdunstung des Wassers konzentriert und der pH-Wert ändert sich. In diesen *älteren, austrocknenden Gewässern* sind die Bedingungen für das Schlüpfen der Nauplien schlechter. So ist gewährleistet, dass nicht zu viele Nauplien schlüpfen, wenn das Bestehen des Tümpels zu kurz für eine vollständige Entwicklung mit anschließender Zystenablage ist.

Anpassung: Morphologie, Anatomie und Lebensweise des Triops sind optimal an *schwankende Umweltbedingungen* angepasst. Daher konnte er über 220 Millionen Jahre nahezu unverändert bestehen und sogar die Dinosaurier überleben. In der heutigen Zeit ist der Triops in Gebieten, in denen die Entstehung von temporären Gewässern durch z. B. Verbauung der Ufer oder Stauhaltung der Fließgewässer verhindert ist, nicht mehr zu finden. Im landwirtschaftlichen Bereich hingegen kann der Triops in großer Anzahl auftreten und dann *Schädling,* aber auch *Nützling* sein. Beispielsweise beim Reisanbau verursacht er Fraßschäden an den Nutzpflanzen. Bei ruhenden Reisfeldern macht er sich hingegen als Unkrautvernichter nützlich.

Wichtig für die Arterhaltung

- Anpassungsfähigkeit an schwankende Umweltbedingungen
- schnelles Erreichen der Geschlechtsreife
- größtenteils zwittrige Vermehrung
- zahlreiche, lange haltbare, robuste und kleine Zysten
- zeitversetztes Schlüpfen der Nauplien

Nomenklatur

Triops (Plural: Triops) bedeutet im griechischen „der Dreiäugige".

Franz von Paula Schrank gab dieser Gattung zunächst den Namen Apus. *Alan Reece Longhurst* schlug 1955 eine Umbenennung vor, da die Bezeichnung Apus bereits für eine Vogelgattung verwendet wurde. Um eine nach den *Internationalen Regeln für die Zoologische Nomenklatur* unzulässige Gleichnamigkeit zu korrigieren, wurde dann der Name Triops eingeführt.

Im englischsprachigen Raum wird der Triops auch als „tadpole shrimp" bezeichnet. Übersetzt bedeutet dies „Kaulquappen Garnele". Diese Bezeichnung beschreibt zwar annähernd die Optik des Triops, ist aber biologisch nicht richtig, da der Triops in der Systematik der Klasse *Kiemenfußkrebse* zugeordnet ist. Die Kaulquappe als Larve der Froschlurche gehört hingegen in die Klasse *Amphibien* und die Garnele in die Klasse *Höhere Krebse.*

Systematik

Überstamm	Häutungstiere (Ecdysozoa)
Stamm	Gliederfüßer (Arthropoda)
Unterstamm	Krebstiere (Crustacea)
Klasse	Kiemenfußkrebse (Branchiopoda)
Ordnung	Rückenschaler (Notostraca)
Familie	Triopsidae
Gattung	Triops

Innerhalb der Familie der Triopsidae gibt es neben der Gattung Triops („Sommer-Schildkrebs") die Gattung Lepidurus („Frühjahrs-Schildkrebs"). Lepidurus sieht dem Triops sehr ähnlich. Er verträgt im Gegensatz zu Triops Temperaturen von deutlich unter 20 °C und kommt somit bereits am Anfang des Frühjahrs vor. Sobald die Temperaturen wärmer werden, besiedelt anstelle von Lepidurus der Triops das Gewässer.

Morphologie und Anatomie

Der gesamte Triopskörper ist von einer stabilisierenden und schützenden Chitin-Hülle umgeben. Der **Rumpf (Thorax)** ist länglich. In ihm liegen die Organe (Herz, Niere, Verdauungssystem) und das Zentralnervensystem. Diese werden durch **Chitin-Ringe** geschützt, welche den Rumpf umgeben. Das hämoglobinhaltige Blut des Triops fließt, wie auch bei anderen Krebsen, durch einen offenen Blutkreislauf und umspült die Organe.

Am oberen Teil des Rumpfes befindet sich die **Mundöffnung mit Mundwerkzeug.** Nahrung wird über eine auf der Rumpfunterseite gelegene **Mittelrinne** zur Mundöffnung befördert, über welche die zuvor durch das Mundwerkzeug zerkleinerte Nahrung aufgenommen wird. Unverdauliches wird über den am Ende des Rumpfes liegenden **After (Telson)** ausgeschieden.

Am Rumpf sitzen **Blattbeinpaare, Antennenarme** und ein **Gabelschwanz (Furca).** Die kräftigeren vorderen Blattbeinpaare werden hauptsächlich zur Richtungssteuerung und zum Graben verwendet. Die kleineren hinteren Blattbeinpaare dienen hauptsächlich dem Aufwirbeln und Aufnehmen von Nahrung. Zudem nimmt der Triops über die Blattbeine Sauerstoff auf (hauptsächlich über die hinteren). An den hinteren Blattbeinen befinden sich die **Zystensäcke.** Die Antennenarme sind für den Tast- und Geschmackssinn verantwortlich. Der Gabelschwanz dient zur Stabilisierung und unterstützt die Richtungssteuerung.

Über dem Rumpf sitzt ein **Chitin-Panzer (Carapax),** welcher den Körper schützt. Unter der **Schädel-Rumpf-Verbindung** verdichtet sich das Zentralnervensystem. Auf der Unterseite des Panzers ist eine **Schädelverdickung (Cephalon)** am oberen Ende zu finden. Sie erleichtert dem Triops das Durchwühlen des Bodengrundes.

Auf der Oberseite des Panzers liegen zwei **Facettenaugen** und dazwischen ein weiteres Organ. Die Facettenaugen dienen der Umgebungssichtung und können Hell- und Dunkelunterschiede registrieren. Einen Gleichgewichtssinn hat der Triops nicht. Er unterscheidet zwischen oben und unten, indem er sich am Lichteinfall orientiert. Zu der Funktion des zwischen den beiden Facettenaugen gelegenen Organs, welches wie ein drittes Auge wirkt, gibt es aktuell zwei unterschiedliche Erklärungen. Zum einen wird es als **Ocellus** beschrieben, welchem auch die Funktion der Hell-/Dunkelunterscheidung zugeordnet wird. Zum anderen gibt es die Erklärung, dass es sich um ein **Nacken-/Dorsalorgan** handelt, mit dem der Triops den Salzgehalt des Wassers registriert, um dazu passend seine Körperflüssigkeitskonzentration anzupassen. Dies wäre erforderlich, da der Triops sterben würde, wenn sich der Salzgehalt zwischen Wasser und Körper stark unterscheidet.

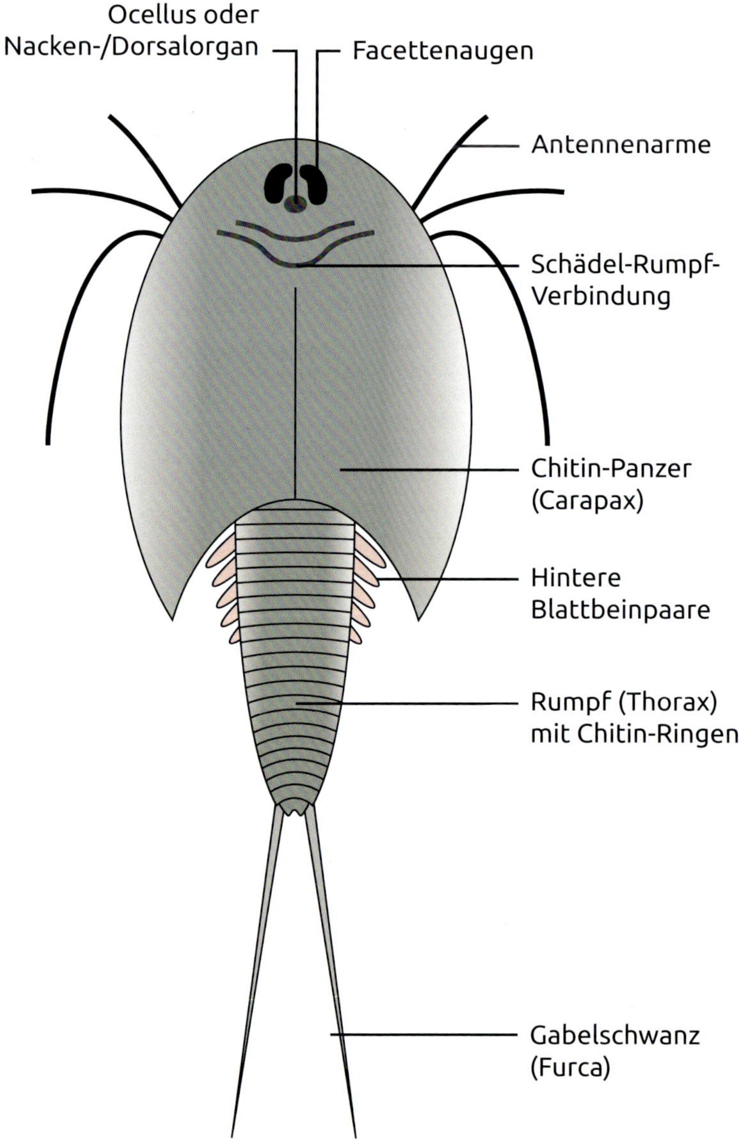
Ocellus oder
Nacken-/Dorsalorgan
Facettenaugen
Antennenarme
Schädel-Rumpf-
Verbindung
Chitin-Panzer
(Carapax)
Hintere
Blattbeinpaare
Rumpf (Thorax)
mit Chitin-Ringen
Gabelschwanz
(Furca)

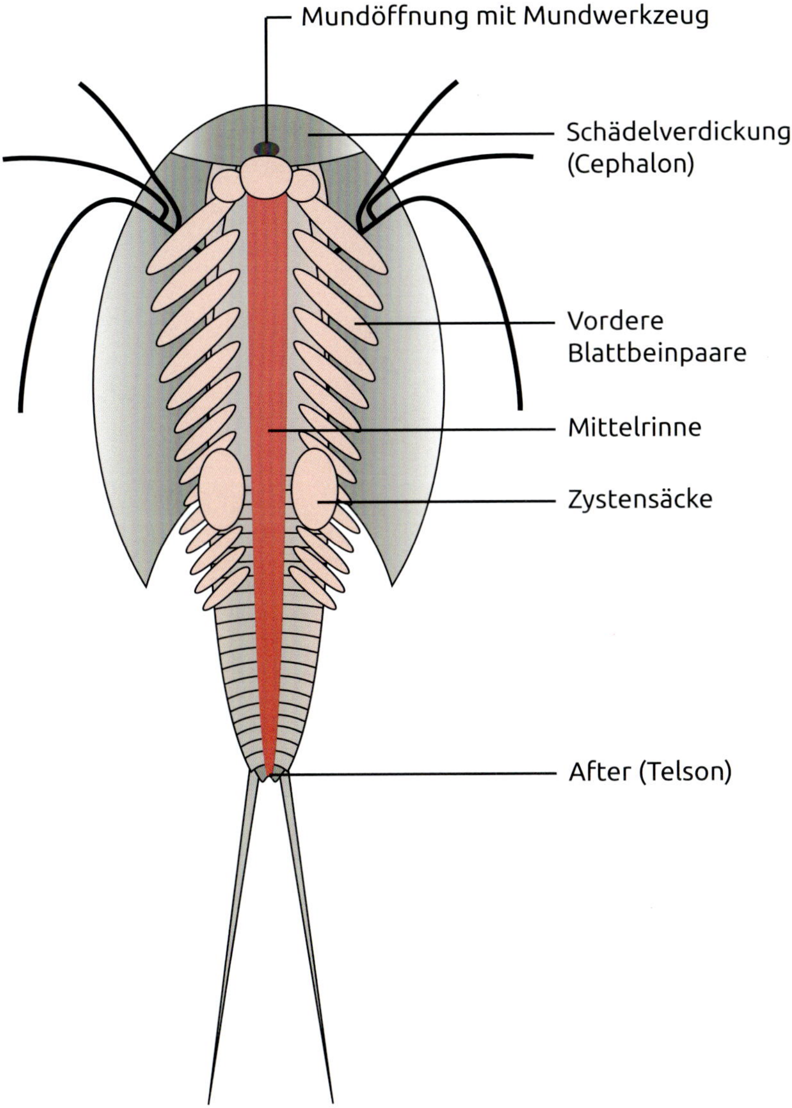
Mundöffnung mit Mundwerkzeug
Schädelverdickung
(Cephalon)
Vordere
Blattbeinpaare
Mittelrinne
Zystensäcke
After (Telson)

Bekannteste Arten

Art	***Triops cancriformis cancriformis***	***Triops longicaudatus longicaudatus***	***Triops australiensis australiensis***
Herkunft	Europa, Nordafrika, nördliches Asien	Amerika, Japan	Australien (Ayers Rock)
Temperatur	15 – 25 °C	20 – 28 °C	24 – 34 °C
Größe	bis 11 cm	bis 9 cm	bis 10 cm
Wachstum	langsam	schnell	sehr schnell

Triops cancriformis cancriformis

Triops longicaudatus longicaudatus

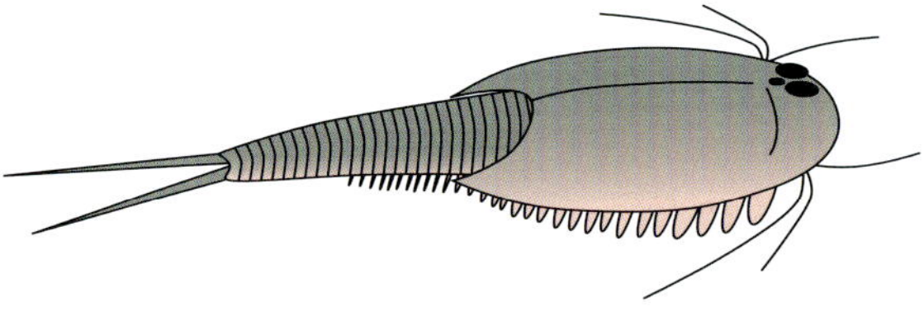

Triops australiensis australiensis

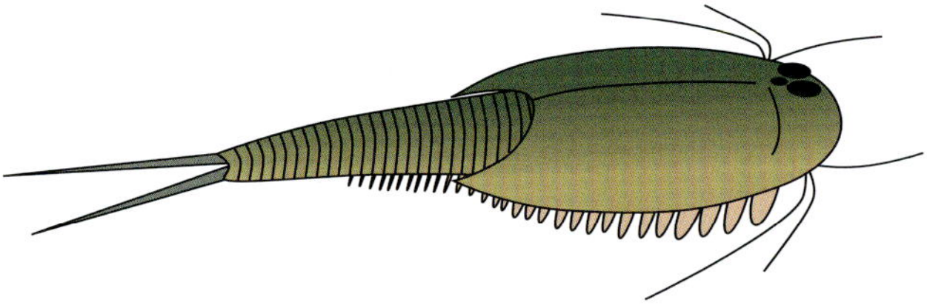

Artenübersicht

Art	***Triops cancriformis cancriformis*** (Bosc, 1801)
Herkunft	Europa, Nordafrika, nördliches Asien
Temperatur	15 – 25 °C (Haltung), ≈ 20 °C (Schlüpfen)
Größe	bis 11 cm
Vermehrung	hermaphroditisch
Färbung	braun-marmoriert
Panzer	breit
Rumpf	kurz
Schwanz	lang

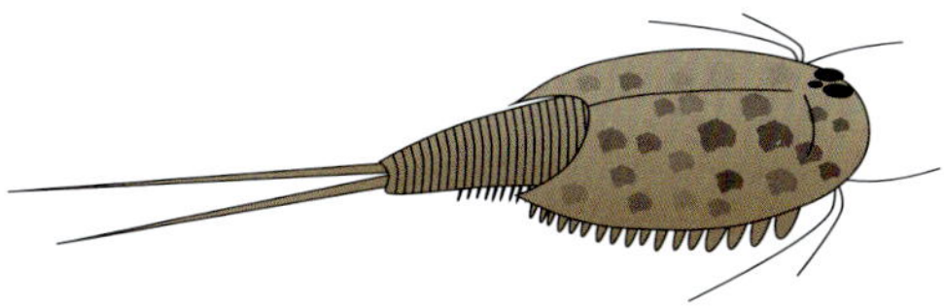

Variante	***Triops cancriformis* var.* Beni-kabuto ebi** (jap. „Rot-Helm Garnele“)
Färbung	nahezu pigmentlos, erscheint rötlich-rosa
Weiteres	siehe *T. cancriformis cancriformis*

Die Färbung wird durch Nahrung mit hohem Carotingehalt verstärkt.

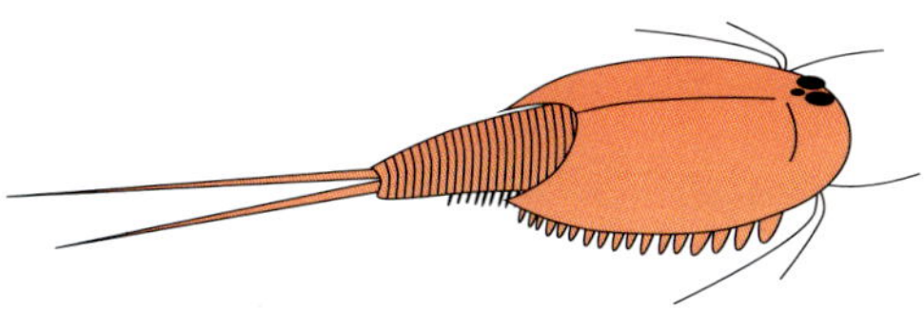

* *varietas:* Varietät, geringe Abweichung vom Erscheinungsbild der Art/Unterart

Art	***Triops longicaudatus longicaudatus*** (LeConte, 1846)
Herkunft	Amerika, Japan
Temperatur	20 – 28 °C (Haltung), ≈ 20 °C (Schlüpfen)
Größe	bis 9 cm
Vermehrung	hermaphroditisch
Färbung	grünlich, Beine rötlich
Panzer	schmal
Rumpf	lang
Schwanz	mittellang

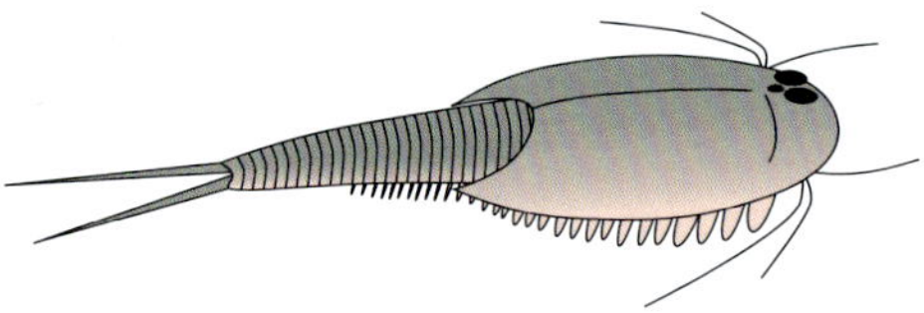

Variante	***Triops longicaudatus* var. Red**
Färbung	nahezu pigmentlos, erscheint rötlich-rosa
Weiteres	siehe *T. longicaudatus longicaudatus*

Die Färbung wird durch Nahrung mit hohem Carotingehalt verstärkt.

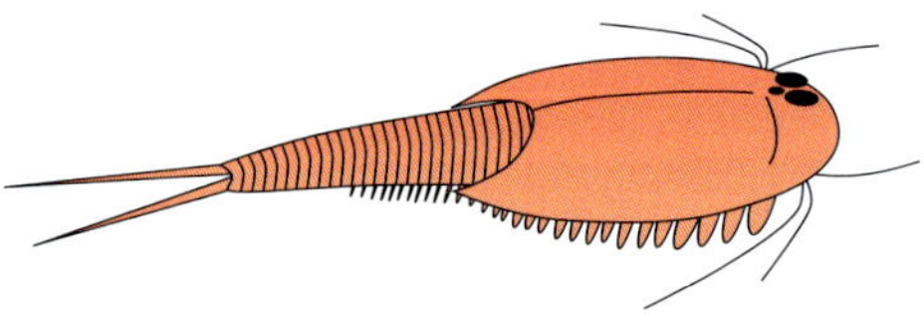

Unterart	***Triops longicaudatus intermedius*** (Longhurst, 1955)
Herkunft	Neukaledonien, Australien (Queensland)
Färbung	grünlich-gelblich, Beine rötlich
Weiteres	siehe *T. longicaudatus longicaudatus*

Wird auch als *T. australiensis* Queensland bezeichnet.

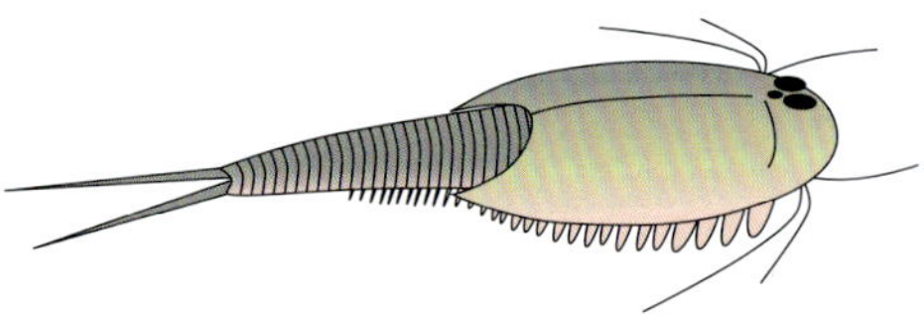

Art	***Triops newberryi*** (Packard, 1871)
Herkunft	Westküste Nordamerikas
Temperatur	22 – 28 °C (Haltung), ≈ 25 °C (Schlüpfen)
Größe	bis 5 cm
Vermehrung	hermaphroditisch
Färbung	grünlich-leicht marmoriert, Beine rötlich
Panzer	schmal, mit „Höcker"
Rumpf	lang
Schwanz	mittellang

Obwohl das Verbreitungsgebiet von *T. newberryi* sich teilweise mit dem von *T. longicaudatus* deckt, ist er von dieser Art genetisch zu unterscheiden.

Art	***Triops* sp.* („Black Beauty")**
Herkunft	unbekannt
Temperatur	22 – 28 °C (Haltung), ≈ 25 °C (Schlüpfen)
Größe	bis 9 cm
Vermehrung	hermaphroditisch
Färbung	grünlich, Beine rötlich, Gabelschwanz schwarz
Panzer	schmal, mit „Höcker"
Rumpf	lang
Schwanz	mittellang

Diese Art weist Merkmale von *T. longicaudatus* und *T. newberryi* auf.

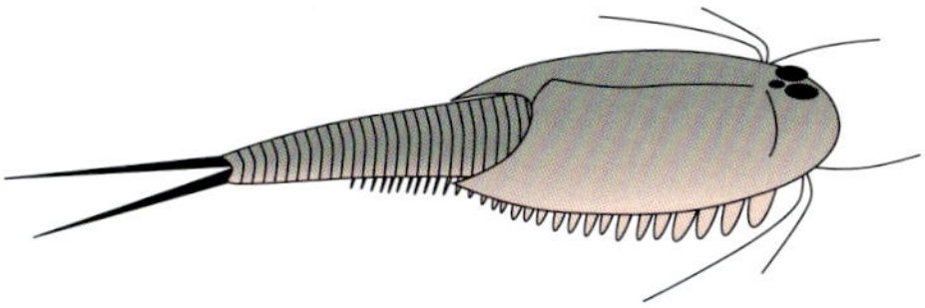

* *species indeterminata:* Art unsicher

Art	***Triops australiensis australiensis*** (SPENCER & HALL, 1896)
Herkunft	Australien (Ayers Rock)
Temperatur	24 – 34 °C (Haltung), ≈ 25 °C (Schlüpfen)
Größe	bis 10 cm
Vermehrung	hermaphroditisch
Färbung	grün-gelblich, Beine rötlich-gelblich
Panzer	schmal
Rumpf	lang
Schwanz	mittellang

Unterart	***Triops australiensis sakalavus*** (NOBILI, 1905)
Herkunft	Madagaskar

Über diese Art ist wenig bekannt.

Art	***Triops granarius granarius*** (LUCAS, 1864)
Herkunft	Afrika, Europa, Asien bis Japan
Temperatur	22 – 26 °C (Haltung), ≈ 25 °C (Schlüpfen)
Größe	bis 5 cm
Vermehrung	gonochoristisch
Färbung	braun-leicht marmoriert, Beine rötlich
Panzer	breit und kurz
Rumpf	lang
Schwanz	mitellang

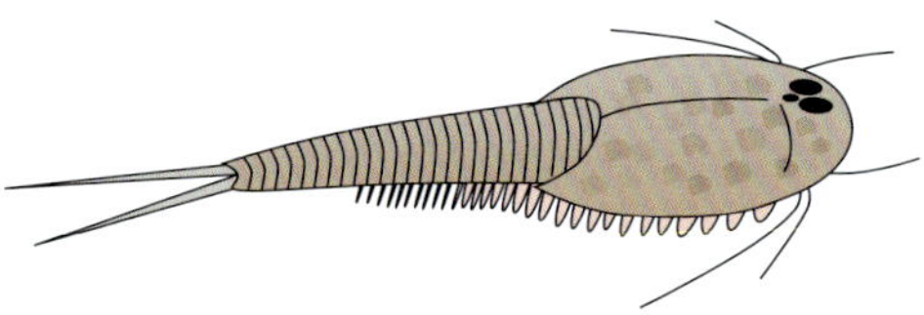

Unterart	***Triops granarius numidicus*** (GRUBE, 1865)
Herkunft	Afrika, Europa, Asien bis China

Über diese Art ist wenig bekannt.

Art	***Triops mauritanicus*** (Ghigi, 1921)
Herkunft	Südeuropa, Nordafrika
Temperatur	22 – 26 °C (Haltung), ≈ 25 °C (Schlüpfen)
Größe	bis 9 cm
Vermehrung	hermaphroditisch
Färbung	dunkelgrün-marmoriert
Panzer	breit
Rumpf	kurz
Schwanz	lang mit zwei Dornen am Ansatz

T. mauritanicus galt eine Zeit lang als eine Unterart des *T. cancriformis.*

Art	***Triops simplex*** (Ghigi, 1921)
Herkunft	Europa
Temperatur	20 – 25 °C (Haltung), ≈ 20 °C (Schlüpfen)
Größe	bis 5 cm
Vermehrung	hermaphroditisch
Färbung	dunkelbraun-marmoriert, Beine bläulich
Panzer	breit
Rumpf	kurz
Schwanz	lang

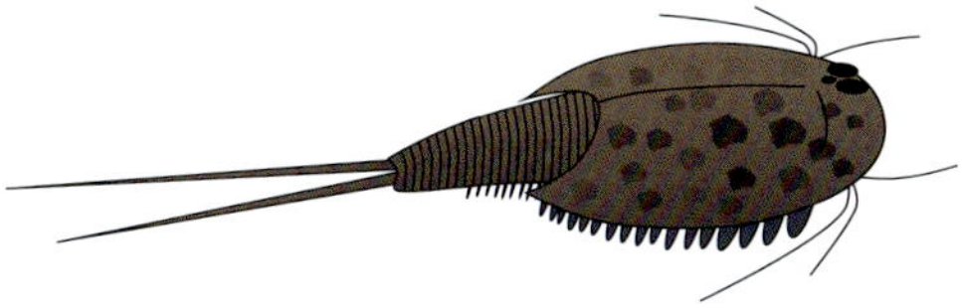

T. simplex galt eine Zeit lang als Unterart des *T. mauritanicus.*

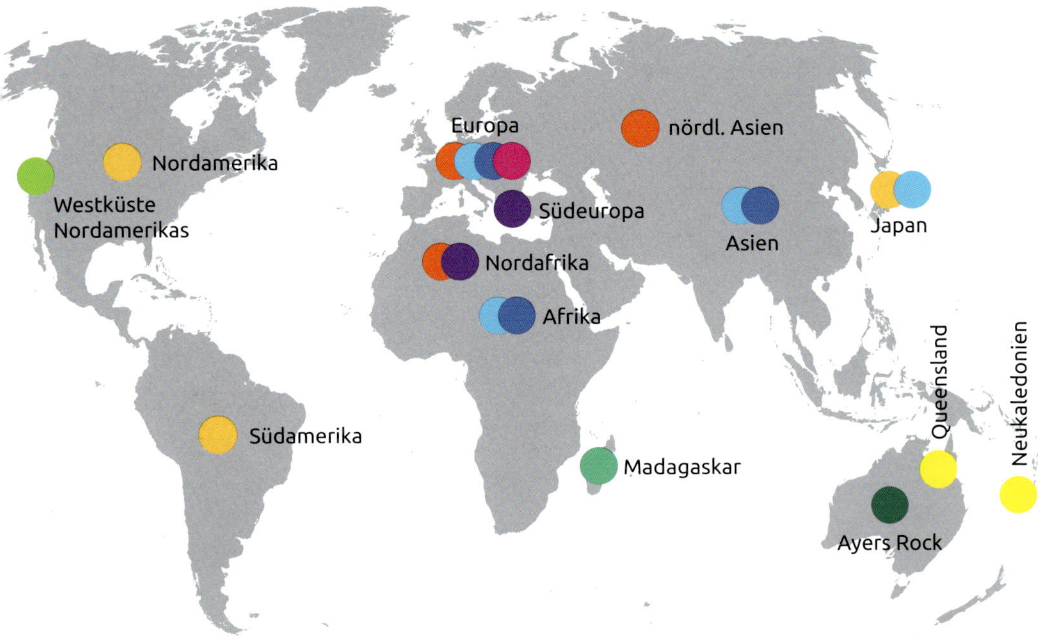

- *Triops cancriformis cancriformis*  
- *Triops longicaudatus longicaudatus*  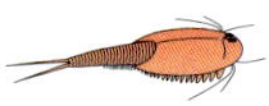
- *Triops longicaudatus intermedius* 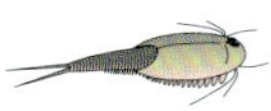
- *Triops newberryi* 
- *Triops australiensis australiensis* 
- *Triops australiensis sakalavus*
- *Triops granarius granarius* 
- *Triops granarius numidicus*
- *Triops mauritanicus* 
- *Triops simplex* 

Neue Arten

Triops baeticus	Korn, 2010
Triops emeritensis	Korn & Perez. B.te, 2010
Triops gadensis	Korn & Garcia-de-Lomas, 2010
Triops vicentinus	Korn, Machado, Cristo & Cancela da Fonseca, 2010
Triops multifidus	Korn, 2016
Triops maximus	Korn, 2016

Die aufgeführten Arten mit Unterarten und Varianten sind die aktuell bekannten. Der Festlegung einer Art liegen morphologische und molekularbiologische Untersuchungen zugrunde. Im Laufe der Zeit werden immer wieder neue Arten und Unterarten entdeckt und beschrieben. Zudem können neue Farbvarianten auftreten. Diese können auf sich auf natürliche Weise durchsetzen, oder sie werden bei der Zucht gezielt aus einer Art selektiert.

Triops cancriformis cancriformis

Aufzucht und Haltung

Die nachfolgende **Anleitung** erklärt schrittweise das Vorgehen bei der Triopsaufzucht und -haltung. Für ein besseres Verständnis werden unter „Details" die beschriebenen Bedingungen und Gegenstände näher erklärt. Die aufgeführte Vorgehensweise ist eine Variante der Aufzucht und Haltung von Triops, welche wichtige Regeln aus der Aquaristik berücksichtigt.

Ergänzend zur Anleitung erleichtern folgende Vorlagen die Planung und Durchführung der Triopsaufzucht:

Mit der **Checkliste Ausstattung** wird vor dem Start überprüft, ob alle erforderlichen Materialien vorliegen.

Bei den ersten Schritten hilft die **Checkliste Vorbereitungen.**

Der **Fütterungsplan** begleitet durch die Entwicklungsstadien der Triops.

In die **Dokumentationsvorlage** können Daten eingetragen werden, die während der Aufzucht ermittelt werden. So können Auswirkungen von Temperatur und Fütterung besser beobachtet werden.

Triops longicaudatus longicaudatus

Ausstattung

Triopszysten, Aufzuchtbecken, Haltungsbecken

Einrichtung: Bodengrund, natürliches Material

Wasserart: destilliertes/entmineralisiertes Wasser, Leitungswasser

Wasserqualität: Wassertest, Wasseraufbereiter*, Filterbakterien

Licht: Lampe für das Aufzuchtbecken*, Lampe für das Haltungsbecken

Wärme: Thermometer, Aquarienheizstab oder Terrarienheizmatte wasserfest*

Futter: Algenpulver, Krebsfutter, optional: Mückenlarven, Gemüsestücke

Reinigung: Aquarienfilter, Spritze/Schlauch oder Pipette/Mulmsauger

Anleitung

Vorbereitung: Zysten, Einrichtungsmaterial, Wasser

Die Zysten können 24 Stunden vor der Verwendung eingefroren werden. Dies kann das Schlüpfen der Nauplien fördern. Vor dem Ansetzen mit Wasser müssen sie 2 Stunden bei Raumtemperatur aufgewärmt werden.

Das Einrichtungsmaterial muss gründlich gereinigt werden, damit keine Schadstoffe das Wasser belasten. Pflanzen (ohne Eintopfmaterial), Holz und Wurzeln werden dazu 3 Tage in getrennte Behälter mit Wasser gesetzt und das Wasser täglich gewechselt. Getrocknete Blätter und Steine werden mit Wasser abgespült. Der Bodengrund wird in einem Behälter mit Wasser ausgewaschen.

Um die Schadstofffreiheit des Wassers zu sichern, wird das Leitungswasser mithilfe eines Wassertests geprüft und ggf. mit einem Wasseraufbereiter behandelt. Für die Aufzucht wird eine Mischung aus 70 ml destilliertem/entmineralisiertem Wasser und 30 ml Leitungswasser hergestellt.

* je nach Bedingungen erforderlich

Vorbereitung: Haltungsbecken

Mit Wasser auswaschen. 1 – 5 cm Bodengrundschicht und vorbereitetes Leitungswasser einfüllen. Mit natürlichem Material einrichten und Aquarienfilter, Lampe und ggf. Aquarienheizstab (Temperatur abhängig von Triopsart, siehe Kapitel „Arten“) installieren und in Betrieb nehmen.

Das Becken 2 Wochen stehen lassen, damit sich ein biologisches Gleichgewicht einstellt, in dem die Triops überleben können.

Tipp: Um den Vorgang zur Herstellung des biologischen Gleichgewichts zu beschleunigen, kann Substanz aus dem Filter oder etwas Bodengrund eines bereits laufenden Aquariums in das neue Becken gegeben werden. Ist kein solches Aquarium vorhanden, kann man auch auf Filterbakterienprodukte aus dem Aquaristikhandel zurückgreifen. Zum Erhalt der Bakterien wird etwas Krebsfutter dazugegeben.

Vorbereitung: Aufzuchtbecken

Mit Wasser auswaschen. Die vorbereitete Wassermischung einfüllen und die Zysten dazugeben. Darauf achten, dass alle Zysten im Wasser sind und nicht am Beckenrand kleben.

Das Aufzuchtbecken an einen hellen Ort stellen, ggf. mit Lampe beleuchten oder im beleuchteten Haltungsbecken befestigen. Das Aufzuchtbecken muss mind. 12 Stunden pro Tag mit Licht versorgt sein.

Die Temperatur sollte je nach Triopsart bei 20 – 25 °C liegen (siehe Kapitel „Arten“), ggf. auf einer wasserfesten Terrarienheizmatte erwärmen oder das Aufzuchtbecken im beheizten Haltungsbecken befestigen.

Tipp: Für eine gute Wasserqualität kann Substanz aus einem laufenden Aquarium oder ein Filterbakterienprodukt, sowie Teile von Seemandelbaumblättern dazugegeben werden.

Haltungsbecken

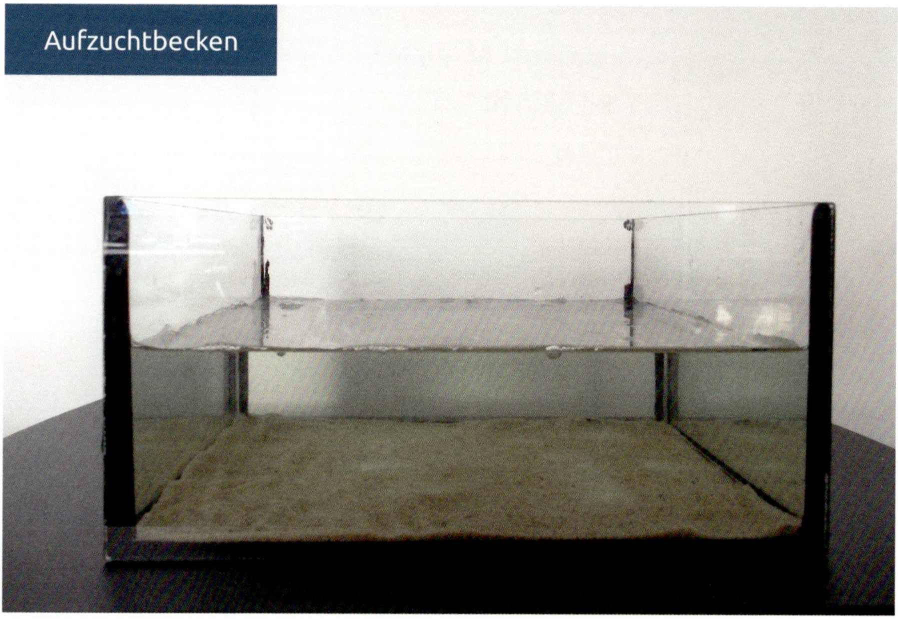

Aufzuchtbecken

Nauplienphase

1. Tag (Tag, an dem die Nauplien schlüpfen)

Die ersten Nauplien schlüpfen 1 – 2 Tage nach dem Ansetzen der Zysten mit Wasser. Das Schlüpfen kann sich abhängig von Licht, Temperatur und Wasserhärte bis zu 2 Wochen verzögern. Nicht aus allen Zysten schlüpfen beim 1. Ansatz Nauplien. Diese Zysten können für einen neuen Versuch wieder getrocknet werden.

Die Nauplien sind oval, orangefarben und 0,5 – 1 mm groß. Sie bewegen sich zuckend durch das Wasser.

Am ersten Tag wird nicht gefüttert, da die Nauplien anfangs kein Futter aufnehmen und durch einen Dottervorrat versorgt sind.

2. Tag

Die Nauplien sind tropfenförmig, weiß-transparent und ca. 1,5 mm groß. Sie bewegen sich weiterhin zuckend durch das Wasser. Die Wachtumsgeschwindigkeit ist abhängig von Triopsart und Umgebungsbedingungen.

Die Fütterung beginnt mit Algenpulver (täglich 1 Zahnstocherspitze).

Tipp: Das Pulver mit etwas Wasser vermischen und erst dann in das Becken geben. Hierdurch wird eine bessere Futterverteilung erreicht.

3. Tag

Die typische Triopsform ist zu erkennen. Die Größe liegt bei ca. 3 mm und die Nauplien bewegen sich nun schwimmend durch das Wasser.

Ab jetzt werden täglich Futterreste vom Vortag entfernt und etwas Wasser gewechselt. Mit der Spritze/Pipette wird Luft in das Wasser gedrückt (Sauerstoffversorgung).

Nauplienstadien

Die Nauplien durchlaufen 4 Stadien bis zur typischen Triopsform:

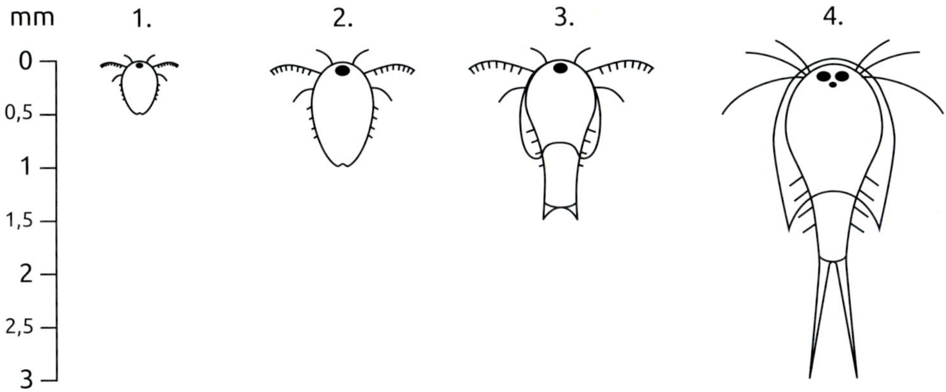

1.

Größe: ca. 0,5 mm

Form: oval

Augen: Ocellus

Extremitäten: Schwimmbeine

Blattbeine: Anlagen sichtbar

Gabelschwanz: Anlage sichtbar

Panzer: nicht vorhanden

2.

Größe: ca. 1 mm

Form: oval

Augen: Ocellus

Extremitäten: Schwimmbeine

Blattbeine: Anlagen prägen sich aus

Gabelschwanz: Anlage sichtbar

Panzer: nicht vorhanden

3.

Größe: ca. 1,5 mm

Form: tropfenförmig

Augen: Ocellus

Extremitäten: Schwimmbeine

Blattbeine: Ansatz

Gabelschwanz: Ansatz

Panzer: Ansatz

4.

Größe: ca. 3 mm

Form: typische Triopsform

Augen: Ocellus, Facettenaugen

Extremitäten: Antennenarme

Blattbeine: voll ausgeprägt

Gabelschwanz: voll ausgeprägt

Panzer: voll ausgeprägt

Jungtierphase

4. und 5. Tag

Die Triops halten sich ab jetzt hauptsächlich am Boden auf. Sie sind ca. 4 mm groß.

Die Ausscheidungen sind als ein „Faden" am Triops sichtbar. Dieser „Faden" löst sich mit der Zeit selbst ab.

ab 6. Tag

Die Triops sind ca. 6 mm groß. Die Fütterung wird umgestellt auf zerriebenes Krebsfutter (täglich 1 Zahnstocherspitze pro Triops).

In den folgenden Tagen beginnen sich Körper und Panzer der kleinen Triops zu färben.

13. bis 15. Tag

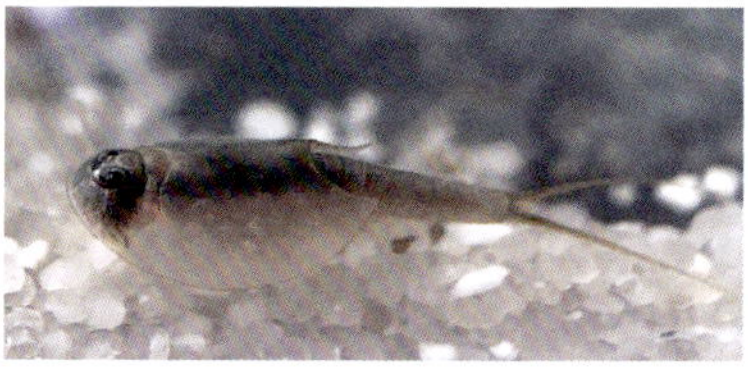

Die Triops haben ihre arttypische Färbung und sind über 10 mm groß.

Gefüttert wird täglich ein unzerriebenes Krebsfutterstück (ca. 4 mm groß) pro Triops.

Ab einer Größe von 10 mm können sie in das Haltungsbecken umgesiedelt werden. Dazu wird im ¼ Stunden Rhythmus etwas Wasser des Aufzuchtbeckens gegen Wasser aus dem Hauptbecken gewechselt. Nach ca. 2 Stunden sollten ungefähr 80% des Aufzuchtwassers gewechselt sein. Nun können die Triops vorsichtig in das Hauptbecken umgesetzt werden.

Tipp: Vor der Umsiedlung die Wasserwerte Ammonium/Ammoniak und Nitrit des Haltungsbeckens mithilfe eines Wassertests ermitteln und bei schlechten Werten noch ein paar Tage warten bis die Werte in Ordnung sind.

Wichtig für das Schlüpfen

- Beleuchtungsdauer mind. 12 Std. pro Tag
- Wassertemperatur 20 – 25 °C
- Wasserart mineralstoffarm:
  Mischung mit destilliertem/entmineralisiertem Wasser

Wichtig für die Entwicklung

- Wassertemperatur weitgehend konstant
- Wasserqualität sauber:
  Becken und Wasser schadstoffrei
  täglich Futterreste entfernen
  Wasser wechseln

mind. 12 Std.
pro Tag

20 – 25 °C
weitgehend
konstant

mineralstoffarm
und sauber

Pflege der adulten Triops

Die Triops werden täglich über den Tag verteilt mit 1 – 5 unzerriebenen Futterstücken pro Triops gefüttert. Das Krebsfutter ist gut als Hauptfutter geeignet und enthält alles was Triops an Nährstoffen benötigen. Alternativ kann aber auch anderes Futter gegeben werden z.B. Mückenlarven, Gemüsestücke. Optimal ist eine Kombination aus Krebsfutter und Alternativfutter.

Eine abwechslungsreiche Fütterung fördert die Gesundheit der Triops und kann somit die Lebensdauer verlängern. Lebendfutter kann dazu beitragen, dass es nicht zu Kannibalismus unter den Triops kommt.

Es ist weiterhin wichtig eine gute Wasserqualität aufrecht zu erhalten. Dazu werden stets Futterreste vom Vortag entfernt. Alle 1 – 4 Wochen sollte ein Wasserwechsel von ca. ¼ des Wassers durchgeführt werden.

Die adulten Triops legen nun täglich Zysten in den Bodengrund. Diese neu gelegten Zysten müssen mind. 2 Wochen im Wasser belassen werden. Danach kann man sie noch im Becken lassen oder bereits einen Teil zusammen mit etwas Sand herausnehmen. Das Zysten-Sand-Gemisch wird mehrere Wochen in Heizungsnähe oder an einem sonnigen Platz vollständig getrocknet.

Tipp: Ein anschließendes Einfrieren (in verschlossenen Beuteln, Gläsern oder Dosen) für ca. 1 Woche erhöht die Wahrscheinlichkeit, dass die Nauplien schlüpfen. Danach werden die Zysten bei Raumtemperatur aufbewahrt.

Vergesellschaftung der adulten Triops

Generell ist bei der Vergesellschaftung darauf zu achten, dass die Tierarten *gleiche Haltungsansprüche* bezüglich Wasserart und Temperatur haben und dass die Anzahl der Tiere dem *Platzangebot* entsprechend ist.

Verschiedene *Triops-Farbvarianten* können problemlos zusammengehalten werden. Auch *Triopsarten* mit gleicher Größe können in einem Becken zusammen leben. Im Bodengrund entstehen jedoch Mischansätzen mit Zysten beider Arten. Bei der späteren Aufzucht wird sich die schneller wachsende Art durchsetzen, indem sie die andere durch Kannibalismus verdrängt.

Triops können zusammen mit *anderen Kiemenfußkrebsen* wie Feenkrebsen und Muschelschalern gehalten werden. Diese kommen auch im natürlichen Lebensraum des Triops vor, werden aber manchmal von den Triops gefressen.

Die Vergesellschaftung von Triops mit *Zwergkrebsen* oder *Garnelen* ist problematisch. Es wird zu Rivalitäten zwischen den Tierarten kommen, wobei eine Art verdrängt wird.

Kleine *Friedfische* und kleine *Wasserschnecken* (außer Raubschnecken) sind geeignete Mitbewohner. Schnecken sorgen zudem für eine biologischen Reinigung des Beckens, indem sie Futterreste und abgestorbene Pflanzenteile fressen. Somit tragen sie zu einer guten Wasserqualität bei.

Tipp: Die Tiere täglich beobachten und trennen, falls sich Probleme ergeben.

Details

Aufzucht- und Haltungsbecken

Um gute Aufzuchterfolge zu erzielen, werden die Triopszysten in ein kleineres **Aufzuchtbecken** von ca. 1 l gegeben. Hier finden die geschlüpften Nauplien leichter Nahrung. Das Becken sollte lieber breit als hoch sein, da eine größere *Wasseroberfläche* besser für die Sauerstoffversorgung ist.

Für das **Haltungsbecken** ist ein Volumen von mind. 10 l (ca. 3 l pro Triops) notwendig. Auch dieses Becken sollte mehr Breite als Höhe haben. Eine große *Bodenfläche* ist wichtig, da sich Triops hauptsächlich am Boden aufhalten. Bei der Einrichtung ist daher darauf zu achten, dass viel Bodenfläche frei bleibt. Da es bei hoher Individuendichte zu Kannibalismus kommen kann, sind größere Becken vorteilhafter als kleine. Zudem sind größere Becken weniger anfällig für eine Verschlechterung der Wasserqualität.

Als Becken dürfen nur Behälter verwendet werden, die frei von Schadstoffen und Verunreinigungen sind. Becken aus dem Aquaristikhandel oder lebensmittelechte Behälter eignen sich gut.

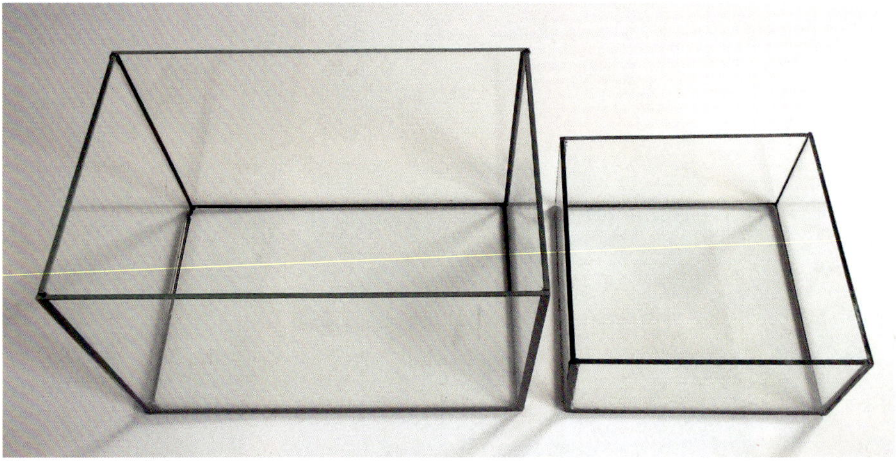

Licht und Temperatur

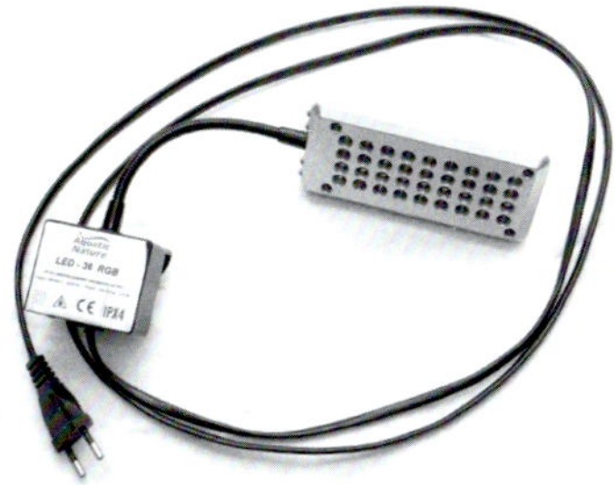

Das **Aufzuchtbecken** wird an einen hellen Platz ohne direkte Sonneneinstrahlung gestellt. Im Frühling/Sommer ist eine zusätzliche *Beleuchtung* nicht zwingend notwendig. Im Herbst/Winter muss das Becken durch eine Lampe beleuchtet werden. Dazu wird eine separate Lampe verwendet oder das Aufzuchtbecken im beleuchteten Haltungsbecken befestigt. Das Aufzuchtbecken muss mind. 12 Stunden pro Tag mit Licht versorgt sein.

Die optimale Temperatur für das Schlüpfen der Nauplien liegt je nach Triopsart bei 20 – 25 °C. Wird diese Temperatur nicht erreicht, ist eine *Erwärmung* des Wassers notwendig. Dazu wird das Aufzuchtbecken auf eine wasserfeste Terrarienheizmatte gestellt. Die Erwärmung kann auch über das Haltungsbecken erfolgen. Das Wasser des Haltungsbeckens wird hierzu mit einem Aquarienheizstab erwärmt und das Aufzuchtbecken darin befestigt.

Auch das **Haltungsbecken** sollte keiner direkten Sonne ausgesetzt sein. Die Dauer der Lichtversorgung für das Haltungsbecken darf jedoch von den 12 Stunden abweichen. Licht ist hauptsächlich für die Pflanzen notwendig. Bei bepflanzten Becken muss eine Lampe installiert werden. Pflanzen können ohne Licht keinen Sauerstoff produzieren und verbrauchen ihn stattdessen. Dadurch kommt es zu einem *Sauerstoffmangel* im Wasser, was schädlich für die Aquarienbewohner ist. Zudem verursacht *Lichtmangel* Wachstumsfehler bei den Pflanzen.

Der Temperatur-Toleranzbereich für adulte Triops ist je nach Art unterschiedlich und liegt bei 15 – 34 °C. Falls eine Erhöhung der Wassertemperatur erforderlich ist, wird ein Aquarienheizstab verwendet.

Wasserart und -qualität

Zum Ansetzen der Zysten im **Aufzuchtbecken** wird hauptsächlich *destilliertes/entmineralisiertes Wasser* (70%) verwendet. Hierbei handelt es sich um eine hypotone Lösung, welche einen hohen osmotischen Druck im Inneren der Zyste verursacht. Dies ist ein entscheidendes Signal für das Schlüpfen der Nauplien. Es werden 30% Leitungswasser beigemischt um für die Nauplien wichtige Mineralstoffe zuzuführen. Diese Mischung ist dem Regenwasser ähnlich, welches im natürlichen Umfeld in frisch entstandenen Tümpeln die Nauplien zum Schlüpfen bringt.

Für das **Haltungsbecken** wird nur *Leitungswasser* verwendet. Der Gehalt an Mineralstoffen ist hierin höher als in der Wassermischung. Dies entspricht der Veränderung des Wassers im natürlichen Umfeld durch das Herauslösen von Mineralstoffen aus dem Boden.

Vor der Verwendung von Leitungswasser sollte die Wasserqualität bzgl. Chlor und Schwermetallen ermittelt werden. Bei schlechten Werten wird das Wasser aufbereitet. Wassertests und Aufbereitungslösungen sind im Aquaristikhandel erhältlich. Wie auch bei den Becken ist darauf zu achten, dass Behälter, die mit dem Wasser in Kontakt kommen, unbedenklich sind.

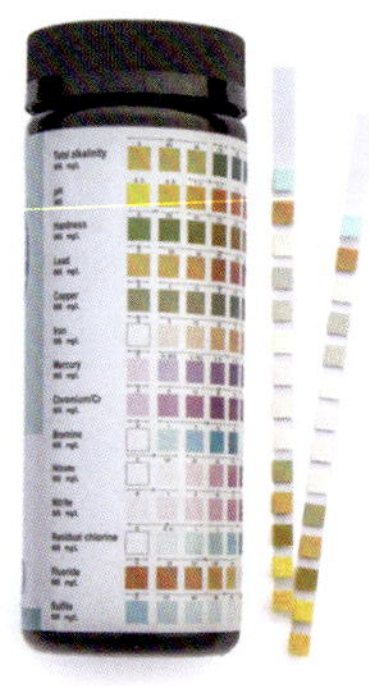

Unerlässlich für eine gute Wasserqualität ist ein *biologisches Gleichgewicht,* welches über nützliche Bakterien erreicht wird. Da es eine gewisse Zeit dauert bis sich dieses eingestellt hat, lässt man das Haltungsbecken nach der Befüllung 2 Wochen stehen. Diesen Vorgang bezeichnet man als „Aquarium einfahren". In dieser Zeit bilden sich Bakterien, die schädliches Ammonium/Ammoniak und Nitrit abbauen und somit eine wichtige Filterfunktion haben.

Um den Vorgang zur Herstellung des biologischen Gleichgewichts zu beschleunigen, kann Substanz aus dem Filter oder etwas Bodengrund eines bereits eingefahrenen Aquariums (muss parasitenfrei sein) in das neue Becken gegeben werden. Diesen Vorgang bezeichnet man als „animpfen". Ist kein eingefahrenes Aquarium vorhanden, kann man auch auf Filterbakterienprodukte aus dem Aquaristikhandel zurückgreifen. Zum Erhalt der Bakterien wird etwas Krebsfutter dazugegeben. Für eine gute Wasserqualität im Aufzuchtbecken kann auch hier Substanz aus einem eingefahrenen Aquarium oder ein Filterbakterienprodukt dazugegeben werden.

Wasserwechsel

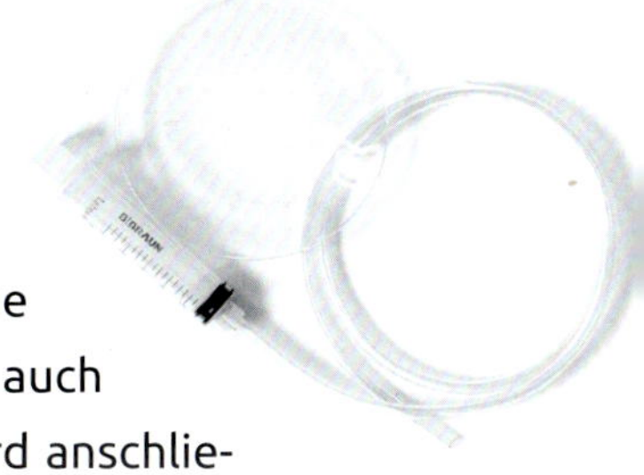

Aufzuchtbecken: Mit einer *Spritze (ohne Nadel)* werden Futterreste vom Vortag und eine kleine Wassermenge täglich abgesaugt. Alternativ kann auch eine *Kunststoffpipette* verwendet werden. Es wird anschließend etwas frisches, ggf. aufbereitetes Leitungswasser nachgefüllt, welches zuvor auf die Temperatur des Aufzuchtwassers gebracht wurde.

Haltungsbecken: Eimer in einer tieferen Position als das Becken aufstellen. Mit einem *Schlauch* ca. ¼ des Wassers und Bodenverunreinigungen absaugen. Dazu eine Spritze (ohne Nadel) auf den Schlauch setzen und die Spritze aufziehen. Nach dem Abnehmen der Spritze vom Schlauch läuft das Wasser in den Eimer. Alternativ kann auch ein *Mulmsauger* aus dem Aquaristikhandel verwendet werden.

Das Becken wird mit Leitungswasser ähnlicher Temperatur aufgefüllt. Um den Bodengrund nicht aufzuwirbeln einen kleinen flachen Teller unter den Wasserstrahl halten.

Ein Wasserwechsel im Haltungsbecken wird alle 1 – 4 Wochen durchgeführt. Bei trübem Wasser, viel Detritus auf dem Boden sowie schlechten Wasserwerten, ist schnellstmöglich ein Wasserwechsel vorzunehmen. !

Filter und Belüftung

Um eine gute Wasserqualität zu sichern, wird im **Haltungsbecken** ein zur Beckengröße passender Aquarienfilter eingesetzt. Dieser *filtert Verunreinigungen* aus dem Wasser und trägt zudem *Sauerstoff* in das Wasser ein. Bei großen Filtern mit starker Sogwirkung sollte ein passender Ansaugschutz angebracht werden.

Wenn sich im Filter viel Schlamm angesammelt hat und dadurch die Wasserdurchflussmenge reduziert ist, wird eine Filterreinigung durchgeführt. Um die nützlichen Filterbakterien nicht zu zerstören, den Filter mit lauwarmem Wasser in einem Behälter leicht auswaschen (nicht unter fließendem Wasser).

Das kleine **Aufzuchtbecken** wird nicht gefiltert, sondern durch Absaugen der Verunreinigungen sauber gehalten. Die Wassermenge ist zu gering und die kleinen Nauplien können auch durch die feinen Öffnungen eines Ansaugschutzes eingesogen werden und im Filter absterben. Für die Sauerstoffzufuhr im Aufzuchtbecken wird Luft mit der Spritze/Pipette in das Wasser gedrückt.

Fütterung

Triops sind *Allesfresser.* Sie ernähren sich sowohl von Tierischem, als auch von Pflanzlichem. Es ist darauf zu achten, dass das Futter eine ausreichende Menge an *Proteinen* enthält. Krebsfutter aus dem Aquaristikhandel ist gut für die Fütterung geeignet. Jungtiere bekommen es in zerriebener Form und adulte Triops als ganze Stücke. Alternativ können adulte Triops auch mit anderem gefüttert werden z.B. Mückenlarven, Gemüsestücke. Nauplien erhalten in den ersten Tagen Algenpulver.

Die beschriebene Futtermenge sollte nicht überschritten werden und Futterreste vom Vortag sind stets zu entfernen. Eine zu hohe Futtermenge, welche hohe Nitrit-Werte im Wasser verursacht, ist schädlich für die Triops.

Bodengrund

Da Triops hauptsächlich am Boden leben, ist der Bodengrund ein wichtiger Bestandteil im Triopsbecken. Gut geeignet sind Quarzsand sowie Aquarienkies mit einer sehr feinen *Korngröße.* Diese sollte unter 1 mm liegen, damit der Triops darin optimal graben und seine Zysten ablegen kann.

Auch die *Füllhöhe* ist von Bedeutung. Das Becken sollte nicht zu gering mit Bodengrund befüllt werden. Von dem Bodengrund wird eine Schicht von 1 – 5 cm eingefüllt.

Bodengrund und anderes Material, welches im Aquarium eingesetzt wird, sollte im Aquaristikhandel gekauft und vor der Verwendung mit Wasser gereinigt werden. Dies sichert die Schadstofffreiheit des Wassers.

Natürliches Material

Im Haltungsbecken ist natürliches Material, in Maßen eingesetzt, eine sinnvolle Ergänzung zum Bodengrund. *Pflanzen, getrocknete Blätter, Holz, Wurzeln* und *Steine* tragen zu einer verbesserten Wasserqualität bei. Pflanzen absorbieren Stoffe wie Ammonium und Nitrat, die in größeren Mengen schädlich für die Triops sind. Zudem reichern Pflanzen das Wasser mit Sauerstoff an. Blätter, Holz, Wurzeln und Steine bilden eine Grundlage für die Ansiedlung von Mikroorganismen, die wichtig für ein funktionierendes *biologisches Gleichgewicht* im Wasser sind. Einige Pflanzenteile wie z. B. Seemandelbaumblätter und Erlenzapfen wirken zudem gegen Bakterien und Pilze und tragen somit zur Gesundheit der Aquarienbewohner bei.

Das verwendete natürliche Material sollte aus dem Aquaristikhandel kommen. Bei Eigensammlungen aus der Natur ist die Gefahr zu groß, dass ungeeignete Beckeneinrichtung, wie z.B. gespritzte oder mit Abgasen belastete Blätter, in das Aquarium gelangen. Das natürliche Material wird vor dem Einsetzen in das Becken gründlich gereinigt, wenn es im Handel nicht als direkt einsatzbereit angeboten wird. Pflanzen, Holz und Wurzeln werden dazu 3 Tage in getrennten Behältern gewässert um Düngemittel und andere Schadstoffe zu reduzieren. Getrocknete Blätter und Steine werden mit Wasser abgespült.

Steinarten, die das Wasser stark aufhärten, sollten nicht verwendet werden. Bei Steinen, Holz und Wurzeln ist darauf zu achten, dass sie auf dem Grund des Beckens aufliegen. Enge Spalten und Höhlen sind zu vermeiden. Dadurch wird verhindert, dass sich die Tiere einklemmen.

Dauerzysten

Gebildet werden die bräunlichen ca. 0,5 mm großen Zysten in Zystensäcken, die sich an den hinteren Blattbeinen befinden. Bis zu 200 Zysten legt ein adulter Triops täglich in den Bodengrund.

Nachdem die *Zysten abgelegt* wurden, teilen sich ihre Zellen bis eine Anzahl von ca. 4.000 Zellen erreicht ist. Nach Erreichen dieses Stadiums, setzt die *Ruhephase (Diapause)* in der Entwicklung der Zyste ein. Das Erreichen dieses Stadiums ist wichtig, damit die weitere Entwicklung bei Reaktivierung nach der Ruhephase erfolgen kann.

Die Zysten müssen nach dem Ablegen mind. 2 Wochen im Wasser verbleiben. Werden sie früher aus dem Wasser entnommen, kann das 4.000-Zell-Stadium nicht erreicht werden und die Zyste kann sich nicht mehr weiterentwickeln und ist somit abgestorben.

Geschützt wird die Zyste durch eine glasartige Matrix, welche wahrscheinlich (noch nicht genau erforscht) aus Proteinen besteht. Für die Wissenschaft im Bereich der Biotechnologie ist die weitere Erforschung dieser besonderen Art von Lebenskonservierung ein faszinierendes Thema.

Der Auslösereiz, welcher die *Ruhephase beendet,* ist die Austrocknung der Zyste. Ein Einfrieren der ausgetrockneten Zyste kann den Auslösereiz verstärken. Der Mechanismus, welcher die Weiterentwicklung gehemmt hat, wird durch den Auslösereiz inaktiviert.

Jetzt befindet sich die Zyste in einem *Wartezustand* bezüglich der Reaktivierung ihrer Entwicklung.

Die *Reaktivierung der Entwicklung* beginnt, bei passenden Bedingungen, sobald sich die ausgetrocknete Zyste wieder mit Wasser füllt.

Chitin-Hülle

Zur *Stabilisierung* und zum *Schutz* des Körpers besitzen Triops eine Außenhülle aus Chitin. Da diese nicht mitwächst, wird die zu eng gewordene Hülle abgelegt und eine neue gebildet. Bei Nauplien geschieht dies häufiger (1 – 2 mal pro Tag) als bei adulten Triops (1 – 2 mal pro Woche). Der Häutungsvorgang dauert meist nur wenige Minuten. Die abgelegte Hülle wird als Exuvie bezeichnet. Diese wird von den Triops teilweise gefressen.

Triopsgröße und Lebensdauer

Triops wachsen artabhängig bis zu einer *Größe* von 11 cm und haben eine *Lebensdauer* von 70 – 90 Tagen. Bei warmen Temperaturen und bei Temperaturschwankungen innerhalb des Toleranzbereichs wachsen die Triops schneller. Die Lebensdauer ist bei etwas kühleren Temperaturen höher.

Triops cancriformis cancriformis

Checkliste Ausstattung

☐ **Triopszysten**

☐ **Aufzuchtbecken** ≈ 1 l

☐ **Haltungsbecken** ≥ 10 l

☐ **Bodengrund** mit Körnung < 1 mm

☐ **Natürliches Material** wie Pflanzen, Blätter, Holz, Wurzeln, Steine

☐ **Wasser** destilliert/entmineralisiert und Leitungswasser

☐ **Wassertest**

☐ **Wasseraufbereiter***

☐ **Filterbakterien**

☐ **Lampe für das Aufzuchtbecken***

☐ **Lampe für das Haltungsbecken**

☐ **Thermometer**

☐ **Aquarienheizstab** *oder* **Terrarienheizmatte** wasserfest*

☐ **Algenpulver**

☐ **Krebsfutter,** alternativ: Mückenlarven, Gemüsestücke

☐ **Aquarienfilter** für das Haltungsbecken

☐ **Spritze/Schlauch** *oder* **Pipette/Mulmsauger**

---

* je nach Bedingungen erforderlich

Checkliste Vorbereitung

Zystenaufbereitung (optional)

☐ Zysten 24 Stunden lang eingefroren

☐ Zysten 2 Stunden vor dem Ansetzen aufgewärmt

Einrichtungsmaterial

☐ Pflanzen, Holz, Wurzeln 3 Tage in einem Behälter gewässert

☐ getrocknete Blätter, Steine mit Leitungswasser abgespült

☐ Bodengrund mit Leitungswasser ausgewaschen

Wasser

☐ Leitungswasser getestet und ggf. aufbereitet

☐ Mischung aus 70 ml dest./ent. Wasser und 30 ml Leitungsw. hergestellt

Haltungsbecken

☐ Haltungsbecken mit Leitungswasser ausgewaschen

☐ Haltungsbecken mit Leitungswasser, Bodengrund, nat. Material befüllt

☐ Haltungsbecken Leitungswasser mit Filterbakterien & Futter angeimpft

☐ Haltungsbecken Geräte installiert und in Betrieb genommen

Aufzuchtbecken

☐ Aufzuchtbecken mit Leitungswasser ausgewaschen

☐ Aufzuchtbecken mit Wassermischung und Zysten befüllt

☐ Aufzuchtbecken Wassermischung mit Filterbakterien angeimpft

☐ Aufzuchtbecken Lichtversorgung sichergestellt (mind. 12 Std. tgl.)

☐ Aufzuchtbecken Wärmeversorgung sichergestellt (20 – 25°C)

Fütterungsplan

Tag	Futterart	Futtermenge	Triopsgröße ca.
01.	keine Fütterung	keine Fütterung	0,5 – 1 mm
02.	Algenpulver	1 Zahnstocherspitze	1,5 mm
03.	Algenpulver	1 Zahnstocherspitze	3 mm
04.	Algenpulver	1 Zahnstocherspitze	4 mm
05.	Algenpulver	1 Zahnstocherspitze	5 mm
06.	zerriebenes Krebsfutter	1 Z.-spitze pro Triops	6 mm
07.	zerriebenes Krebsfutter	1 Z.-spitze pro Triops	7 mm
08.	zerriebenes Krebsfutter	1 Z.-spitze pro Triops	8 mm
09.	zerriebenes Krebsfutter	1 Z.-spitze pro Triops	9 mm
10.	zerriebenes Krebsfutter	1 Z.-spitze pro Triops	10 mm
11.	zerriebenes Krebsfutter	1 Z.-spitze pro Triops	11 mm
12.	zerriebenes Krebsfutter	1 Z.-spitze pro Triops	12 mm
13.	unzerriebenes Krebsfutter	1 Stück pro Triops	13 mm
14.	unzerriebenes Krebsfutter	1 Stück pro Triops	14 mm
15.	unzerriebenes Krebsfutter später alternativ: z. B. Mückenlarven, Gemüsestücke	1 Stück pro Triops später bis zu 5 Stück	15 mm

Wachstumsgeschwindigkeit und Größe abhängig von Triopsart und Umgebungsbedingungen

Dokumentation

Tag	Datum	Wasser-temperatur	Triops-anzahl	Triops-größe	Fütterung
01.					
02.					
03.					
04.					
05.					
06.					
07.					
08.					
09.					
10.					
11.					
12.					
13.					
14.					
15.					

Lebensdauer ältester Triops

Körperlänge größter Triops

Glossar

adult: erwachsen, geschlechtsreif

Anatomie: Lehre vom inneren Bau der Organismen

Biotechnologie: Wissenschaft, die sich mit der Nutzung von Enzymen, Zellen und ganzen Organismen in technischen Anwendungen beschäftigt

Carotin: rotgelber Pflanzenfarbstoff

Chemismus: Gesamtheit der chemischen Vorgänge bei Stoffumwandlungen

Chitin: hornähnliche Substanz mit stabilisierender und schützender Funktion

Dauerei: widerstandsfähiges, einzelliges, befruchtetes Ei (Embyonalentwicklung noch nicht abgeschlossen)

Dauerzyste: widerstandsfähige, mehrzellige, fertig entwickelte Embryoform

destilliertes Wasser: durch Destillation (Verdampfen und anschließende Kondensation) aufbereitetes Wasser, welches weitgehend frei von Salzen, organischen Stoffen und Mikroorganismen ist

Detritus: zerfallene organische Substanz

Diapause: physiologischer Zustand der Keimruhe um vorhersehbare, ungünstigen Umgebungsbedingungen überleben zu können

entmineralisiertes Wasser: durch Ionenaustauscher aufbereitetes Wasser, welches weitgehend frei von Salzen ist

Evolution: biologische Entwicklung durch Veränderung der vererbbaren Merkmale über mehrere Generationen

Extrembiotop: Lebensraum/Standort einer Tier-/Pflanzengesellschaft, der ungewöhnliche Umweltbedingungen aufweist

gonochoristisch: eingeschlechtlich

Habitat: Lebensraum/Standort einer Tier-/Pflanzenart

Hämoglobin: eisenhaltiger Proteinkomplex der roten Blutkörperchen

hermaphroditisch: doppeltgeschlechtlich (zwittrig)

hypotone Lösung: Lösung mit geringerem osmotischem Druck als ein Vergleichsmedium

lebensmittelecht: in Verbindung mit Lebensmitteln unschädlich

Matrix: biologische Grundsubstanz ohne innere Struktur

molekularbiologisch: die Struktur und Funktion biologischer Makromoleküle (u.a. DNA und RNA) betreffend

Morphologie: Lehre von der Struktur und Form der Organismen

morphologisch: die Struktur und Form eines Organismus betreffend

Nauplius (Plural: Nauplien): Primärlarve/Eilarve der Krebstiere mit kugel- oder eiförmiger Gestalt und 3 Extremitätenpaaren

Nomenklatur: Teilgebiet der Systematik zur wissenschaftlichen Benennung von Lebewesen als Grundlage für eine international verständliche und nachprüfbare Kommunikation über Organismen

osmotischer Druck: durch Moleküle ausgelöste Kraft, mit der ein Lösungsmittel durch eine einseitig durchgängige (semipermeable) Membran in eine höher konzentrierte Lösung hineingezogen wird

selektieren: aus mehreren Individuen oder Dingen diejenigen auswählen, die für einen bestimmten Zweck geeignete Eigenschaften aufweisen

Systematik: Teilgebiet der Biologie zur Einteilung, Benennung und Identifizierung von Lebewesen

temporäres/astatisches Gewässer: kurzzeitig wasserführender und immer wieder austrocknender Tümpel

Daten

Entwicklung		
	Größe	bis 11 cm
	Lebensdauer	70 – 90 d
	Geschlechtsreife	7 – 14 d
	Zystenablage täglich	bis 200 Stk.
Häutung		
	Dauer	1 – 5 min
	Nauplien täglich	1 – 2 mal
	Triops wöchentlich	1 – 2 mal
Schlüpfen		
	Licht täglich	≥ 12 h
	Wassertemperatur	≥ 15 °C
	Wasserwerte	pH 7, GH < 7 °dH
Wassertemperatur		
	Nauplien	15 – 32 °C
	Triops	15 – 34 °C
Wasserwerte		
	pH	6 – 10
	O_2	≥ 1 mg/l
	KH	< 5 °dH
	GH	< 10 °dH
Beckenvolumen		
	Aufzuchtbecken	≈ 1 l
	Haltungsbecken	≥ 10 l
Bodengrund		
	Körnung	< 1 mm
	Füllhöhe	1 – 5 cm

Literatur

ADAM, TIMM: *„Urzeitkrebse Triops“.*
URL: http://www.schulvivarium.de [Stand: 29.11.2020].

DOST, UWE: *„Spannung im Kinderzimmer. Ein lebendes Fossil: der Rückenschaler Triops cancriformis“.* In: Caridina, 1 (2006), S.46-52.

ERTL, HANNES: *„Triops Spektrum“.*
URL: https://www.triops-spektrum.de [Stand: 01.07.2021].

GRENZEL, KAI-UWE: *Urzeitkrebse Triops.* Band 1, Freiberg am Neckar, 2013.

IRRGANG, PASCAL: *„Triopszucht Bavaria“.*
URL: https://www.triopszucht-bavaria.de [Stand: 29.11.2020].

LONGHURST, ALAN R.: *A review of the Notostraca.* Vol. 3, No. 1.
London: Bulletin of the British Museum (Natural History), 1955.

QUANTE, KAI A.: *„Gepanzerte Urzeitkrebse. Haltung und Zucht von Triops cancriformis“.* In: Caridina, 1 (2015), S.13-17.

SCHILDHAUER, RUTH: *Experimentierkasten Anleitung Triops.* 5. Aufl.
Stuttgart: Franckh-Kosmos Verlags-GmbH & Co. KG, 2006.

SCHILL, RALPH O. : *„Urzeitkrebse überstehen lange Trockenzeiten“.*
URL: https://www.innovations-report.de/fachgebiete/biowissenschaften-chemie/urzeitkrebse-ueberstehen-lange-trockenzeiten-174465/
[Stand: 19.12.2020].

TORSKE, STEPHAN: *„Königstigers Urzeitkrebse“.*
URL: https://www.koenigstigers-urzeitkrebse.de [Stand: 19.01.2021].

WIKIPEDIA: *„Triops“.* URL: https://de.wikipedia.org/wiki/Triops [Stand: 29.11.2020].

WIKIPEDIA: *„Triops cancriformis“.* URL: https://de.wikipedia.org/wiki/Triops_cancriformis [Stand: 29.11.2020].

WIKIPEDIA: *„Triops longicaudatus“.* URL: https://de.wikipedia.org/wiki/Triops_longicaudatus [Stand: 29.11.2020].

Triops cancriformis var. Beni-kabuto ebi

Triops longicaudatus var. Red